AF368106